生生不息

河流与湖泊

匈牙利图艺公司 (Graph-Art) ◎编绘

康一人 王聿喆◎译 王玉山◎审译

北京日报出版社

目录

淡水生态系统

地球表层约2/3的区域被水覆盖。水的绝大部分在哪儿呢? 95%的水存在于包围着大陆的海洋中。剩余的5%则是淡水。淡水盐分含量低,存在形式多样。除了河流、湖泊之外还包括极地的冰盖,还可形成空气中的水蒸气和云。地下水占淡水总量的1/3。如此多样的生态系统为不同的物种提供了家园。

水中的环境

相对于空气,水中氧气含量低光线也弱,但温度变化却较小。受到浮力的影响,骨骼结构更脆弱的生物在水中也能获得支撑。因此水生植物中罕有木本植物,水生动物的结构也比陆生动物更加轻巧。

冬季的保护

由于水的物理特性，它在冬天也可为其居民提供特殊的保护。随着水的温度降低，水的体积也一同减少。冷却后密度变大的水沉到了水底。当水温降到4℃以下时，整个过程反转。此时随着水温的降低，水的体积开始增大，并到达0℃时结冰。因为冰的密度较小，所以会浮到水的表面，这样水从表层开始结冰。冰的导热能力差，水的其他部分很难完全封冻。水中生物完全可以在水体底部安全过冬。

你能为保护水源做些什么?

注意你用了多少水! 我们用的水越少，自然界的水就越多。请使用环保洗涤剂，不要污染水源!

小知识

我们身体的2/3也是由水构成的。生物体内的水占全球水总量的1%。两栖动物和爬行动物依靠水进行繁殖，很多陆地昆虫的幼虫也必须在水中才能生长。

生活在海洋中的鲑鱼每年沿河逆流而上，在河流上游产卵。每条鲑鱼都会回到它出生的地方。它们通过对地球磁场和水体化学成分的感知来实现这个目标。

淡水意味着生命

淡水在人的生活中扮演着重要的角色。湖泊、河流和小溪从古至今就是商品运输和交通的天然通道，除此之外还能提供饮用水和食物。沼泽地、芦苇地和树丛是水污染的天然过滤器，同时还能阻挡和引流洪水。人们还建造人工湖，用于储存多余水源，养殖鱼类，进行水上运动，或者借助水力发电机发电。

河流

角鸬鹚

白头海雕

麝鼠

疣鼻天鹅

蓝背西鲱

浅湾小鳀

白鲈

黑海鲈

美洲鳗鲡

大西洋霜鳕

大西洋鲟

长嘴沼泽鹪鹩

红翅黑鹂

芦苇

红头潜鸭

大白鹭

梭鱼草

欧亚萍蓬草

鲤鱼

蓝蟹

洲苦草

斑点叉尾鮰

拟鳄龟

河 流

小溪和大河都是重要的淡水生态系统。水在这个生态系统中不停地流动。从源头到河口河流可以穿越不止一个国家，比如亚马孙河就将美洲大陆分成了两半。河流在行进的过程中塑造了周围环境，形成新的河床、静水、峡谷和山洞。经过数十亿年的打磨，科罗拉多河塑造出了深深的大峡谷。所有大河的起源都是一样的。山中泉水或者融化的雪水与降水混合后水量越变越大，形成带有支流的大河。大分水岭沿着澳大利亚的东海岸线流淌，在大陆上形成两个集水区。如果你在这座山的山脊上倒下一桶水，这桶水的一部分会流到内陆，通过墨累河进入印度洋的东南部，而另一部分则会通过海岸沿线河流注入太平洋。

白鹭

冬天河流相较于静水更难以封冻，因为水流使得形成的冰晶很难聚集在一起。这时候大部分动物都会在河流附近的泥土里挖洞冬眠，或是在河床底部降低新陈代谢等待春天的到来。

河口

在河流落差小，水流较平缓的河段会形成冲积层。河流中央往往会形成河中岛。如果冲积层在河流旅途的终点—河口形成，那么这样的河口就称为河口三角洲，例如多瑙河三角洲、长江三角洲。河流这时会呈扇形分散成许多小支流。这种多变的地形成为许多动植物的家园。如果河流径直流入海洋，那么这样的河口被称为三角湾，如杭州湾。海洋的潮汐循环进入河口，使其变宽。苏格兰沿海的河口湾实际上是巨大的入海口，是淡水和海水混合的区域。

三角湾

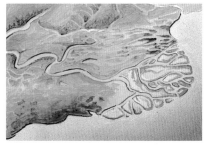

河口三角洲

为水而战

我们从河流中取走越来越多的水用于饮用和灌溉，同时却不负责任地放任污水、化肥和其他有毒物质进入河流，破坏生态系统。河流治理和河流沿岸建设破坏了进行河流自洁的河漫滩。水力发电站更是完全阻断了河道，使洄游生物失去了生存空间。

适应不断移动的生活

生活在水流湍急的河中就好像在进行一场不停歇的漂流。生活在这种环境里的鱼体型偏瘦，呈流线型，这使得它们能在水流中游动。其他的鱼则拥有各自不同的呼吸器官，用来节省体力。对于在流动的水域生存的生物来说学会判断地形十分重要。河床底部和较深的位置水流较缓，而大块岩石后面往往会形成漩涡，最好避开。虾的长触须可以感知水的物理特点、水流速度和方向。

河流的冲积层会影响水中的能见度和光照，因此植物只能在岸边或水的表层生存。水流较缓或较浅的河流沿岸更容易附着、对抗水流的冲刷。一些植物将根深入淤泥，将自己牢牢地固定，另一些植物则用其柔软的枝干与水流一起运动。它们的茎上带有特殊的通气组织，让它们能够在水面上生存。

特别高的水位可以越过、淹没、冲毁水坝。河流溢出河床，就会形成洪水。

伊瓜苏河沿着地壳断层，从伊瓜苏高原的边缘流下，落差可达60~80米。由于河流本身也在不断侵蚀岩石表层，因此伊瓜苏大瀑布每年都要退后3毫米。

河漫滩和沼泽

河漫滩和沼泽

沼泽是浅水栖息地，大部分面积都有植被覆盖。沼泽在热带地区、西伯利亚、加拿大北部等世界各地均有分布，在海拔较低的湖泊、海洋沿岸和河谷地区最为常见。海岸边的沼泽为盐沼，海水随着涨潮有规律地淹没沼泽。大陆上的沼泽大多为淡水沼泽，许多地方也有半咸沼泽。沼泽栖息地是陆地到水域的过渡。直观地说，沼泽就像一个大面积的湖岸，它的特点是水中营养物质含量丰富，水位变化频繁。沼泽在雨季会被水淹没，在旱季则会变干，只有最深处仍保持湿润。在沼泽里生活的动植物需要适应这极端的水位变化。

静水椎实螺（俗称大池塘螺）生活在静水和水流缓慢的淡水水域内，以藻类和有机物碎屑为生。

湖泊、湿地、沼泽

湖泊表层浅水最多有1/3被植被覆盖。随着时间的推移，河流的冲积层和死去的植物会填充湖泊，使其变浅，形成湿地。湿地表面超过1/3，少于2/3的面积会被沼泽植物覆盖。继续的填充会形成沼泽。沼泽表面全部被植被覆盖，几乎不存在浅水。水位变化频繁，有时甚至会干涸。

温带沼泽沿岸分区

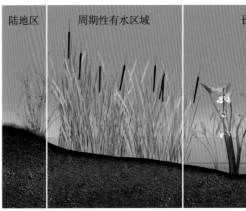

陆地区　周期性有水区域　长期有水区域

丰水期水位

枯水期水位

浅水

黄菖蒲是河湖沿岸和沼泽地的代表植物。因其初夏盛开的黄色花朵而得名。

濒临消失

1900年至今，约有一半的水生物种已完全从地球上消失。沼泽的消失很多情况下是由引流造成的。人们将沼泽里的水用水渠排出，将沼泽改造成适合进行农耕的区域，或者填充沼泽建造房屋。剩余的沼泽大多被耕地包围，用于耕地的化肥和农药在雨水和风的帮助下直接进入沼泽。沼泽的水常被用来灌溉，而供给它们的河流却因水力发电而被水坝阻断。

洪水和火灾：适应沼泽里的生活环境

沼泽植物需要对抗定期的漫水，这种情况会使土壤完全失去氧气。沼泽植物的茎通常是空心的，便于向生长在被水浸泡的泥土中的根输送氧气。除此之外，植物上特殊的通气组织也可以帮助运输氧气。同样的，漂浮在水面上的叶片也有含有空气组织，在它的帮助下，不论水有多深，睡莲的叶片总是能漂浮在水面上。沼泽变干后，经常会受到火灾的威胁，这时沼泽植物广布的根系就发挥了重要的作用，它们可以保证植物在大火后很快再次发芽。

沼泽养分丰富的水体为许多动物提供了食物。黑鹳和琵鹭吃鱼、蛙和水生昆虫。欧洲龟就连肥美的植物也不放过。

事 实

» 酸沼拥有比沼泽更加稳定，但养分含量更少的水。酸沼的浅水面积更小，里面累积的死亡植物在缺氧环境下会形成泥炭。» 世界上最大的沼泽是巴西的潘塔纳尔沼泽，面积相当于两个土耳其的大小。» 沼泽地区偶尔可见的沼泽光（俗称鬼火）是由细菌分解产生的气体燃烧形成的。» 木本森林沼泽是一种特殊的沼泽类型。依据所处大陆的不同，其代表植物有赤杨树、桦树和落羽杉等。» 泥炭酸沼广泛分布于北温带针叶林地区。泥炭可以当作能源使用。关于泥炭开采最早的文字记录诞生于7世纪。

世界上最大的内陆三角洲

　　奥卡万戈三角洲由注入卡拉哈里沙漠的奥卡万戈河形成。每年1~2月，距离沙漠1000千米以外地方的降水是三角洲的水源，水流在旱季（6~8月）到达三角洲。这时沼泽面积会达到平常的三倍，而沼泽周围仍然是一片干涸，所以动物们会在这段时间内经过长途迁徙来到这里。旱季过去后，沼泽缺乏水源补给，水位迅速下降，动物们还会在逐渐缩小的水域附近逗留一段时间，之后迁徙离开。雨季将整片土地变为绿色，牛群布满整个绿洲，旱季的来临，植被逐渐干枯，土地干涸，甚至还会经常发生大火。只有来年6月重新到来的雨水才能再次带来新的生机。

芦苇的一年

冬天，芦苇的地上茎叶干枯。

种子在10~11月逐渐成熟，不断吸收来自土层下根茎的养料。

春天，芦苇种子在合适的环境里发芽。

这时小苗生出第一片叶子。

6~7月小苗专注成长，在8月开出独特的、迎风沙沙作响的花。

填充状态

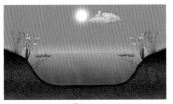

湖　　　　　　　湿地　　　　　　　沼泽　　　　　　已被填充的湖

多变的湖泊

白柳

欧洲慈姑

黄斑祖母绿蜻蜓

水獾蛛

大蟾蜍

大扁卷螺

多变的湖泊

湖泊是在陆地低洼地方形成的静水，在世界各地都有分布。湖泊水面的绝大部分面积没有植物覆盖，这是它们与沼泽的区别。湖泊的水源来自降水、河流和地下泉水。湖泊形成的原因有很多，如火山活动、地壳断裂、冰川侵蚀形成的低洼地段都可聚集水源，形成湖泊。与地球的历史相比，湖泊的历史相对短暂。有时是湖水干涸，有时则是地势改变，使得湖泊完全消失。湖的大小和深度不一，湖中的生物世界变化万千。最深的湖可以达到1千米，湖底是永恒的黑暗，湖水永远不会全部变暖，而有些湖却浅到会规律性地干涸。

的的喀喀湖被印加人奉为圣湖。依照传说，太阳和世界上第一对男女就在这里诞生。湖面上漂浮着许多由香蒲草捆扎而成的"浮动小岛"，至今仍有2000个印第安人生活在这些小岛上。湖中的鱼类大多为原生，不会飞的短翅鸊鷉也生活在这里。

在水上行进，在水下呼吸——适应湖中生活

对于生活在湖中的植物来说，最大的挑战莫过于获取赖以生存的氧气。这些植物特有的通气组织可以将氧气一直输送到长在水中淤泥里的根。它们的茎叶通常借着水的浮力漂浮，含有较少的木质结构。有时叶片的形状也会因水下生活而改变，比如小水毛茛在水下的叶片呈细长条，像海藻一般，而漂浮在水面上的叶片则更宽，呈半圆形。生活在湖中的动物也需要战胜难以获取氧气的难题。很多水生昆虫定期浮上水面，在翅膀下藏上气泡，以便在水下运动时借用这些气泡呼吸。有些昆虫掌握在水面上移动的本领，例如水黾。它们的腿上长有浓密的毛可以在水的表面张力形成的"膜"上移动。

濒临灭亡

50年前咸海还是世界上面积第四大的湖。21世纪伊始，它的面积缩小到了原先的1/4，水量下降到了原先的1/10。由于水量减小，它的含盐量跟海洋相当。曾经位于湖岸边的城镇现在已经离湖水好几千米远。可以肯定的是，曾经人们赖以生存的捕鱼业已完全消亡。湖中的大部分生物，包括许多土著种，都已灭绝。引起咸海逐渐干涸的原因是人们将给养咸海的河水用于灌溉农田和牧场。

贫营养、中营养和富营养

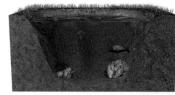

贫营养状态的湖水清澈透明，营养物质含量低。含有少量浮游生物，氧气含量丰富。

中营养湖是介于贫营养湖和富营养湖之间的过渡湖泊类型。

富营养湖含有丰富的营养物质和植物，湖水能见度较低。含有大量浮游生物，氧气含量低。

湖泊一年中的热循环

较深的温带湖泊的一个很有趣的现象就是它们的湖水会根据温度分层。

水在4℃时密度最大,会沉入湖底。湖的表面是即将到达冰点的水层。这样,湖从表面开始结冰,这对湖中生物在冰下度过冬天具有重要意义。

春

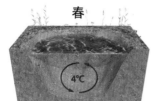

在春天,受到阳光的影响,湖水表面开始变暖。因为暖水比冷水密度小,所以它们不会沉到湖底,而是停留在湖的表面。暖水与下面的冷水之间只有一个很薄的过渡区域,这个过渡区被称为温跃层。

冬

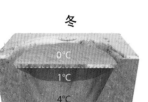
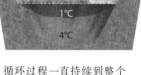

夏

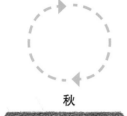

循环过程一直持续到整个湖的水温降至4℃,这时湖水已经全部混合。

秋

秋天湖水从表面开始降温,温度变低、密度变大的水不断下沉,温度较高的下层水则不断上浮。

事 实

» 世界上最大的湖泊是里海,面积相当于一个德国。最深、含水量最大的湖是贝加尔湖。» 南极洲冰层下有超过150个淡水湖。最大的是沃斯托克湖(又叫东方湖),面积为15000平方千米,深达1000米。» 加拿大有将近200万个湖泊,其中有3万个湖泊大小超过3平方千米。» 通常情况下咸水湖没有流出的河流,湖水通过蒸发减少,因此通过注入咸水湖的河水带来的盐分不断在湖中累积。» 世界上最大洞穴湖在卡拉哈里沙漠里。该湖位于地下100米深的地方,面积2公顷。

湖的分区

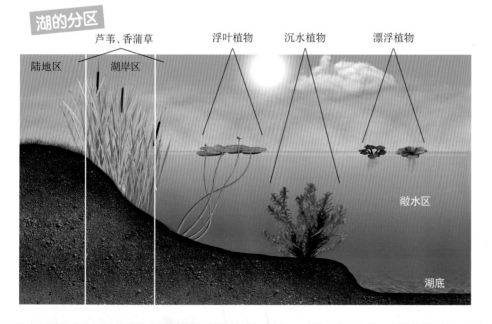

陆地区　湖岸区　芦苇、香蒲草　浮叶植物　沉水植物　漂浮植物　敞水区　湖底

湖泊类型

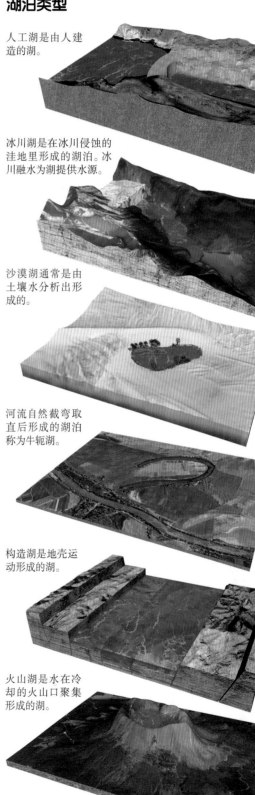

人工湖是由人建造的湖。

冰川湖是在冰川侵蚀的洼地里形成的湖泊。冰川融水为湖提供水源。

沙漠湖通常是由土壤水分析出形成的。

河流自然截弯取直后形成的湖泊称为牛轭湖。

构造湖是地壳运动形成的湖。

火山湖是水在冷却的火山口聚集形成的湖。

美洲夜鹰

红吼猴

黄冠鹦哥

巴西栗

亚马孙河

南美洲

棕榈树

水豚

王莲

巨骨舌鱼

亚马孙河豚

电鳗

淡水刺魟

红腹锯脂鲤

蛇颈龟

亚马孙河

亚马孙河是世界上水量最大的河流，流域面积占南美洲的40%。亚马孙河最深的地方超过100米，而上游则浅到连小舟都无法航行。9月，随着大量的降水的到来，河流水位开始上涨，某些河段水位甚至可以涨高9米。这时亚马孙河会淹没相当于一个德国面积的森林。水位会在次年6月下降。亚马孙河庞大的水系中生活着3000种鱼，其中不乏特殊的物种，如重达200千克的巨骨蛇鱼（又名海象鱼）、电鳗，还有距离入海口4000千米的地方仍会出现的白真鲨（牛鲨）。在数千万年的变迁中，亚马孙河里还诞生了两种淡水海豚——亚马孙河豚和马德拉河豚。长吻真海豚和亚马孙海牛也生活在这条大河中。近200个水电站正在破坏这里的生态系统，较小的支流则在许多地方被人拦截，供牛群饮用。来自矿区和耕地的化学制剂、过度捕捞，以及从过度采伐地区冲刷下的泥沙都在危害着亚马孙河。

王莲是世界上叶子最大的睡莲科植物。它位于水下的茎长度可达7~8米，叶片直径可达3米。王莲花直径可达40厘米，由昆虫授粉。叶脉密布成坚固的板状，使其巨大的叶片变得更加结实。叶子背面和叶柄上生有许多坚硬的刺，用于抵挡来自水下的袭击。

濒危种

- 锯鳐
- 大水獭
- 栗腹鹭
- 六疣侧颈龟

谁吃谁？

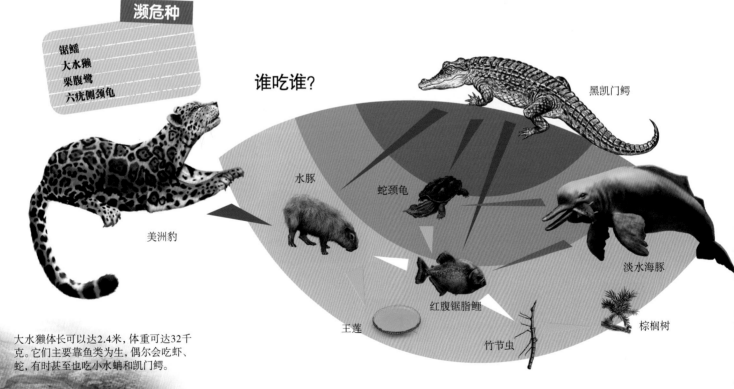

黑凯门鳄

水豚

蛇颈龟

美洲豹

淡水海豚

红腹锯脂鲤

王莲

竹节虫

棕榈树

大水獭体长可以达2.4米，体重可达32千克。它们主要靠鱼类为生，偶尔会吃虾、蛇，有时甚至也吃小水蚺和凯门鳄。

旅行时应当注意什么？

每年11月至次年5月，亚马孙河地区会有大量降水，月平均气温不会低于26℃。所以，你大可以将睡袋留在家中。这里炎热湿润的气候适合携带轻薄的夏日着装，棉质衣服最佳。你还需要灭蚊器和一个遮阳帽。如果你坐木舟游览亚马孙河，那么需要用防水袋来保护你的随身物品。只有在安全的地方才能游泳，因为许多暗藏的危险正窥看着不注意防范的游泳者们。

» 亚马孙河中有鲨鱼吗？

气 候

气 温	湿 度
27℃	大

亚马孙河是世界上水量最大的河。这里生活着鲨鱼、淡水海豚、鳐鱼和海牛。

"睁一只眼，闭一只眼"

天亮了。在亚马孙支流——茹鲁阿河中一条淡水海豚正在寻找食物。它用超声波回声定位系统在每一个角落搜寻可口的早餐。它在这能见度不高的河水中已经追逐一群红腹锯脂鲤一个小时了，但是努力并没换来回报。它捕食的欲望逐渐平息，动作放缓，慢慢地以优雅的体态浮到水面上。它闭上一只眼睛，一半大脑也进入梦乡，而另一只眼则在注意着周围的环境。只有偶尔遇到的一条大水蚺或者凯门鳄会让它感到不快。它几乎不动，只有尾巴偶尔划动一下以免被水流冲走。淡水海豚时不时会浮上水面进行这样一次深呼吸。

亚马孙河

亚马孙河豚

　　世界上共有四种生活在淡水中的海豚，体型最大的就是亚马孙河河豚。它们有灵活自如的颈部，这使得它们可以在水中快速转弯，能够轻易地在茂密的植物中捕捉到猎物。亚马孙河豚非常需要这样的脖子，因为它靠捕食被水淹没的树林中的鱼类、蛙类和甲壳类动物生存。年幼的亚马孙河豚为浅灰色，随着成长逐渐变得粉红。亚马孙河豚独自生活，雌海豚怀孕11月之后生下小海豚，哺乳期一年。

淡水海豚的视力很差，但是和其他海豚一样能发出超声波，并在回声的基础上感知周围环境。

学名:	*Inia geoffrensis*
体型:	1.7~3 m, 90~180 kg
寿命:	10~26年
濒危程度:	未评估

每一只箭毒蛙身上的斑点都是独一无二的。我们可以在斑点的基础上区分每只箭毒蛙，就像用指纹区别人一样。

学名:	*Dendrobates azureus*
体型:	3~4.5 cm
寿命:	5~7年
濒危程度:	无危

天蓝丛蛙

　　这种箭毒蛙耀眼的颜色是对捕食者的警示——它们的皮肤中含有分泌毒物的腺体。这种毒液可以引起动物的瘫痪甚至死亡。天蓝丛蛙以昆虫，主要是蚂蚁、蝇和毛虫为食。求偶时，雄蛙会为雌蛙轻柔地"歌唱"。雌蛙成功选定另一半之后，会跟雄蛙一起来到河流比较安静的地方。雌蛙产卵后，雄蛙再放出精子，进行体外受精。一胎后代一般5~10只，小箭毒蛙一般长到两岁时就可继续繁殖。

美洲红鹮

　　美洲红鹮修长的喙向下弯曲，在浅水区来回行走，并用喙从淤泥中啄出甲壳动物、软体动物、蠕虫来吃。它们有涉禽类标志性的长腿。脚趾之间生有蹼，便于寻找食物。它们的窝通常建在离河岸不远的地方，例如伸向河流的树冠上。红鹮是群居动物。寻找新的栖息地时，一群红鹮会呈V字形在河流沿岸飞翔。

学名:	*Eudocimus ruber*
体型:	55~60 cm, 650 g
寿命:	16~24年
濒危程度:	无危

美洲红鹮的羽毛为何如此耀眼？那是它捕食的生物中所含的大量红色胡萝卜素分子进入羽毛的结果。

燕尾刀翅蜂鸟

    燕尾刀翅蜂鸟生活在森林边缘的开放区域。它们通常在林冠层活动，偶尔也会到林冠层上面或下面获取蜂蜜作为食物。在进化过程中，它们的喙形成易于从花朵中吸取蜂蜜的形状。这个过程称为协同进化，就是"互相作用的共同进化"。 燕尾刀翅蜂鸟草叶铺成的直径如小碗的窝。窝的外部包裹着苔藓和地衣，并用蜘蛛网加固。窝里有两个白色的小卵。雏鸟经过大约15~16天就会孵化出来。

学名: *Eupetomena macruora*
体型: 15 cm
寿命: 3~5年
濒危程度: 未评估

为什么蜂鸟会悬停在空中？因为花没有进化出便于蜂鸟采集花蜜的栖木类结构，只有这样悬停飞行，蜂鸟才能采到花蜜。它们的翅膀每秒能扇动200下。

当红腹锯脂鲤捕食的时候，长在鱼鳔附近的肌肉会发出声音。

学名: *Pygocentrus nattereri*
体型: 20~50 cm
寿命: 20~25年
濒危程度: 未评估

红腹锯脂鲤

    这种食人鱼喜爱水流较快的水域，因为在这样的地方可以找到足够的食物。它们是捕食者，会吃掉迎面游来的一切生物。红腹锯脂鲤主要靠鱼类、昆虫、螺、水生植物为食，也会袭击哺乳动物，吃掉死去动物的尸体，因此红腹锯脂鲤也被称为"水中鬣狗"。从自然平衡的角度来看，红腹锯脂鲤的这种习性具有重要意义。它们可以帮助清除影响水质、有时甚至会引起瘟疫的动物尸体。在红腹锯脂鲤饥饿时，水位突然下降时，或是突然有东西运动、落入水中时，它们会变得异常凶猛。一群红腹锯脂鲤会同时对运动的物体或生物展开攻击。

雌性绿水蚺会在交配季节分泌荷尔蒙，这种气味会吸引周围的雄性蟒蛇。

绿水蚺

    绿水蚺是世界上最大的蛇类之一。它们的生存离不开水。绿水蚺总是在河中捕食，是出色的泳者。绿水蚺会安静地等待猎物靠近，抓住猎物进行缠绕后将它们吃掉。绿水蚺的下颌可以完全脱离上颚移动，因此可以将整只猎物一口吞下。饱餐一顿之后，它们往往要消化好几个月。绿水蚺是卵胎生动物，一次可产100多条小蛇。小蛇体长只有70~80厘米，经常还没长大就已沦为捕食者的美餐。

学名: *Eunectes murinus*
体型: 6 m, 140~180 kg
寿命: 10年
濒危程度: 无危

墨累河

鹊雁

澳洲鹈鹕

墨累曲颈龟

黑天鹅

黄花水龙

鲈鱼

墨累鳕

紫斑澳洲塘鳢

白腹海雕

赤腹伊澳蛇

澳大利亚

墨累河

东方水鼠

鸭嘴兽

澳洲鳗鲶

澳洲小龙虾

墨累河

墨累河是澳大利亚最长，也是最大的一条河，全长超过2500千米，在澳洲大陆东北部的墨累达令盆地流淌。它的流域面积为世界第三，流量随降雨和灌溉用水量的大小变化。人们曾大力治理墨累河，但是河水的自然水量仍然只有1/3能通过入海口流入印度洋的东南部。依据至今为止的记录，墨累河曾短暂干涸过三次，给数百万人的生计造成了威胁。墨累河沿岸共有3万处水生栖息地，河水会定期漫上河岸为生物提供重要的捕食和繁殖区。这些栖息地在引流洪水中发挥着重要作用，同时它们还像天然过滤器一样净化着水源。墨累达令盆地的栖息地是50种蛙类，98种涉禽，50种蛇，100种蜥蜴，3种淡水龟和60种鱼类的家园。

黄花水龙适合生长在水流缓慢的浅水区。作为一种藤蔓植物，它甚至可以长成两米多宽的网。黄花水龙被折断的茎和根系也能继续繁殖。难怪它一旦落地生根，就会很快占领土地，赶走其他一切植物。

雌性鸭嘴兽在交配后会建造一个长10~20米，洞口可以关闭的洞穴。鸭嘴兽用它的尾巴将草在巢中铺好并产卵。卵需孵化10天。因为鸭嘴兽没有乳头，所以幼兽直接舔食乳腺获取乳汁。

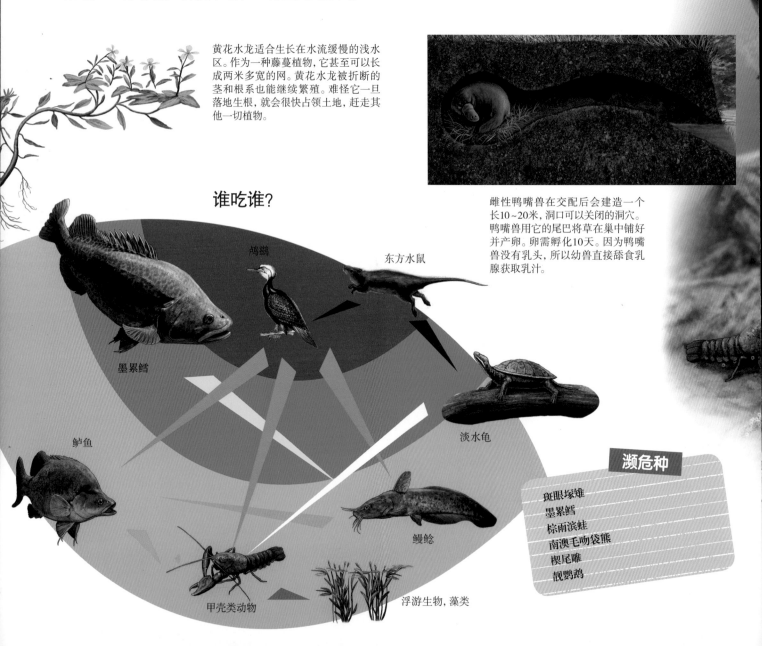

谁吃谁?

鸬鹚

东方水鼠

墨累鳕

鲈鱼

淡水龟

鳗鲶

甲壳类动物

浮游生物，藻类

濒危种

斑眼塚雉
墨累鳕
棕雨滨蛙
南澳毛吻袋熊
楔尾雕
靓鹦鹉

墨累河孕育了许多土著种，比如西部灰袋鼠、鸸鹋和树袋熊（考拉）。

旅行时应当注意什么?

墨累河是世界上通航河段最长的河流。但是这并不代表你只用在船上掌舵就行了。你还需要穿越一系列水闸、水坝和水库。

强大的保护

这条雄性墨累鳕正在仔细照料产在岩石上的卵，这些卵几天后就会孵化成小鱼。雌鱼先会仔细地清理周围的环境，之后再将卵产在石头上。在鱼苗孵出后的一个星期里，雄鱼会照料它们，直到小鱼吃完所剩食物开始自己捕食。之后，小鱼会回到距离产卵地100多千米的栖息地。鱼卵吸引着很多饥饿的鱼，一条鲈鱼正试图偷吃鱼卵。雄鱼非常警惕，他用将近1米长的身体和尖锐的牙齿赶走了小偷。

墨累河

鸭嘴兽

作为地球上最特别的物种之一，鸭嘴兽是澳洲的特有动物。它流线型的身体扁平，跟河狸一样的尾巴帮助它在水中前行。鸭嘴兽的脚趾间生有蹼，因它们的嘴巴扁平，形如鸭嘴而得名。但是与真正的鸭嘴由角蛋白组成不同，鸭嘴兽的嘴其实是层坚硬的皮。游动时，鸭嘴兽会闭上眼睛和鼻子。它们分布在嘴部边缘极其敏感的接收器就连微小的水中生物也能感知到。鸭嘴兽依靠这一利器在水中辨别方向、寻找食物。

学名: *Ornithorhynchus anatinus*
体型: 50 cm
寿命: 17年
濒危程度: 无危

鸭嘴兽在河岸边的巢穴中产下椭圆形的卵。鸭嘴兽并没有乳房，母兽通过腹部皮肤分泌的乳汁来哺育幼兽。

赤腹伊澳蛇

虽然赤腹伊澳蛇的毒液非常危险，但是它们并不具攻击性，也很难受到惊吓。赤腹伊澳蛇喜欢近水而居，因为它们最喜爱的食物——蛙类就生活在那里。赤腹伊澳蛇是胎生动物，小蛇生下后只有一层透明的薄膜保护着它们。赤腹伊澳蛇一胎能产大约20条幼蛇。小蛇首要的任务就是不断扭动冲破薄膜。刚生下的小蛇只有不到30厘米长，2~3年后可以进行繁殖。

学名: *Pseudechis porphyriacus*
体型: 1.5~2 m
寿命: 8年
濒危程度: 未评估

赤腹伊澳蛇经常在水中捕猎，它们是游泳能手。游动时，人们只能看见它们的头。必要的情况下，赤腹伊澳蛇可以在水下待上23分钟。

墨累曲颈龟

墨累曲颈龟是墨累河特有的动物，它们喜爱河水深且干净的河段。墨累曲颈龟的生长极其缓慢。小龟生长15年才能繁殖，每年产卵两至三次。雌龟会在河岸的泥土中挖出小坑，将小而椭圆的卵产在洞中。墨累曲颈龟以水生软体动物、虾和腐肉为生。较年长的龟也会吃植物和水果。墨累曲颈龟几乎什么都吃，是杂食动物。

降雨对于墨累曲颈龟来说十分重要，因为降雨量大时更容易挖出产卵的坑，刚孵化出的小龟也能更靠近可以保护它们的水体。

学名: *Emydura macquarii*
体型: 25 cm
寿命: 30年
濒危程度: 未评估

澳洲小龙虾习惯在温暖的季节活动。当气温降到16℃以下时，它们就会进入部分休眠状态。这时澳洲小龙虾体内新陈代谢放缓，会找一个安全的地方度过这段时间。

澳洲小龙虾

地球上的大部分虾都无法离开水生存，但是澳洲小龙虾在特殊情况下却可以在沼泽或泥泞潮湿的壕沟里生活数年。它们在夜晚觅食，主要以藻类和死亡的植物为生。每年产两次卵，卵附着在雌虾后腿上细小的绒毛上。长出的小虾在长成之前每隔几天就会蜕一次皮。

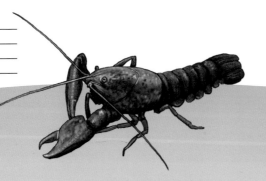

学名: *Cherax destructor*
体型: 20 cm
寿命: 5~7年
濒危程度: 易危

墨累鳕

墨累鳕是澳大利亚最大的淡水鱼类。它们的名字可能会引起人们的误解，实际上从分类学角度来说，墨累鳕跟生活在北半球的鳕鱼没有任何亲缘关系。墨累鳕是位于食物链顶端的捕食者，它们就连鸬鹚和龟也不放过。小鱼长到50厘米后才可进行繁殖。墨累鳕会洄游至河流上游产卵。找到配偶之后，雌鱼会在一个干净而坚硬的物体表面，例如卵石上产卵，雄鱼则负责看护鱼卵。

澳洲鳗鲶背鳍和胸鳍上长有坚硬的刺，年幼鳗鲶通过这些刺将毒液注入袭击者的体内。这些刺在鳗鲶长到大约20厘米长时停止分泌毒液，但是它们仍然是最危险的武器。

澳洲鳗鲶

澳洲鳗鲶生活在墨累河的盆地河段。它们喜爱岸边植物茂盛的水域，习惯在布满沙石的河底附近游动、觅食。澳洲鳗鲶最喜爱的食物是澳洲小龙虾，但它们也吃任何其他生活在水底的生物。当春季气温达到20~24℃时，澳洲鳗鲶会用卵石建造直径达1米的巢。巢穴建成的1~2周后雌鱼会在此产卵。

学名: *Maccullochella peelii*
体型: 80~100 cm
寿命: 已知最长为48年
濒危程度: 濒危

学名: *Tandanus tandanus*
体型: 50 cm
寿命: 8年
濒危程度: 未评估

有趣的是，科学家发现墨累鳕会洄游120千米到达产卵地，产卵之后则又会回到原有的栖息地。在淡水鱼类中这是独一无二的习性。

多瑙河河漫滩

常春藤

苍鹭

垂柳

蝙蝠

欧洲酸苹果

红隼

赤鹿

狍

欧洲红花山茱萸

白鼬

欧洲白蜡树

蛇麻

黄喉蜂虎

欧亚河狸

翠鸟

白睡莲

欧洲龟

白斑狗鱼

欧洲

多瑙河河漫滩

非洲

水獭

31

多瑙河河漫滩

多瑙河起源于德国黑森林。一条涓涓细流逐渐变宽，越过岩石，最终行进2850千米流入黑海。当多瑙河流经山谷或平原时，流速放缓，河水卸下携带的岩石和泥土。当春季冰雪融化或是下大雨的时候，高涨的河水在这些地方蔓延，形成了经常会被河水淹没的区域和河漫滩。河漫滩是河岸与陆地之间的过渡区。和其他过渡区域一样，这里的生物资源非常丰富。多瑙河岸的滩涂约1%的面积被水覆盖，约20%的面积被河漫滩森林占据。

丁鲷喜爱河漫滩浑浊的水域。这种体长约半米的鱼会在淤泥中寻找食物，白天则躲藏在茂密的植物中。

谁吃谁？

黑鹳

白尾海雕

水蛇

夜鹭

狍

红腹铃蟾

赤梢鱼

白斑狗鱼

蚊子和其幼虫

小白曲菜，普通早熟禾

藻类、浮游生物

濒危种

全缘铁线莲
白尾海雕
黑鹳
水獭
水鼠耳蝠

旅行时应当注意什么?

河漫滩里水居多。在这里生活的动植物并不介意浸泡在水中的泥土,因为这是它们生存必需的环境。你的雨靴会派上用场。河流转弯形成的死水区域会形成牛轭湖,地下水会在河流沿岸涌出,形成积水区域。这里是无数两栖动物和昆虫的家园,也像有魔力的磁铁一样吸引着鸟类。让我们感到不适的蚊子在河漫滩的食物链中扮演着重要的角色。

水獭的游乐园

水獭妈妈白天将水獭宝宝带入水中纯粹只是为了嬉戏。白天水獭一家大都在巢穴中度过,只在夜晚进行捕猎。学习捕猎的一部分是进行游戏,即互相追赶猎物。水獭灵活细长的身体非常适合游泳,可以突然冲刺或转弯。它们浓密的皮毛很难被完全浸湿,可以替它们在冰冷的水中保温。小水獭的游戏别提有多刺激了! 再过不久它们就会开始独自捕猎,离开妈妈,获得自己的领地。

气　候

气　温
20℃

湿　度
45%~50%

多瑙河自1992年起成为横跨欧洲水上交通网的一部分,并和莱茵河、美因河连接,形成北海至黑海全场3500千米的水上"公路"。

多瑙河河漫滩

家燕

家燕飞得像风一样快，会追逐飞在空气中的昆虫。它们每年繁殖两次，一次会产下4~6枚蛋。小燕子总是很饿，家燕父母有时甚至一天就会喂食400次。秋天到来的时候家燕会成群地停留在高压输电线上，等待踏上遥远的旅途，去非洲度过冬天。

即将下雨的时候昆虫飞得较低，这样捕食它们的家燕也飞得低。家燕也因此被称为称职的气象预报员。

学名: *Hirundo rustica*
体型: 包括尾翼总长17~19 cm
寿命: 4年
濒危程度: 无危

欧亚河狸

欧亚河狸是亚欧大陆最大的啮齿类动物。河狸的身体结构使它们成为出色的泳者。河狸的后腿脚趾之间生有蹼，长约30~40厘米黑色的扁平尾巴上布满鳞片。尾巴尖上的腺体分泌的液体可以使河狸的皮毛防水。它们的巢穴入口建在水下。小河狸在冬天诞生，河狸父母会一直照顾它们直到两岁。河狸通过发出声音或气味来向同伴传递信息。危险的时候则会拍打尾巴。

学名: *Castor fiber*
体型: 75~100 cm, 尾巴长30~40 cm
寿命: 15~17年
濒危程度: 无危

欧亚河狸只吃植物类的食物。通过树上留下的牙印可以知道它们的行踪。河狸的门牙总是在生长，所以需要不停地磨牙。

白斑狗鱼

白斑狗鱼是北温带的捕食性鱼类。它的嘴中长有尖锐的锥形牙齿，会吃掉在水中生活和移动的一切动物，甚至会跳出水面捕捉蜻蜓。白斑狗鱼经常在暗中袭击，猎物无法逃脱它们向内生长的牙齿。每年早春，白斑狗鱼会在离河岸不远的浅水区域产卵。

学名: *Esox lucius*
体型: 1~1.5 m
寿命: 10~12年
濒危程度: 无危

小狗鱼有巨大的嘴，甚至可以吞下与其大小相当的同类。

苍鹭

苍鹭有涉禽标志性的长腿,它们灰色的羽毛、黑色的羽冠和黄而尖锐的喙很容易就能识别出来。同其他鹭科的鸟类一样:苍鹭飞行时将腿向后伸直,脖子缩成"S"形。它们很难驾驭高空飞行。苍鹭喜爱在河漫滩森林的树冠上用树枝和芦苇成群结队地筑巢。3月生下的蛋孵化25天之后会生出4~5只雏鸟。雌雄亲鸟将共同喂养雏鸟一到两个月,成鸟用胃中反出的食物哺育雏鸟。这种现象称为回哺。

依据观测,苍鹭最喜爱在月光下捕食。在浅水区可以很清楚地看到它们只需要一只脚站立。

学名: *Ardea cinerea*
体型: 90~100 cm, 翼展180~200 cm
寿命: 5年
濒危程度: 无危

雨蛙

雄性雨蛙有鼓膜,可以鸣叫。人们将它们当作天气预报员,因为成群的雨蛙呱呱叫时意味着就快要下雨了。雨蛙的脚趾上长有吸盘,后腿比较粗壮,用于跳跃。雨蛙捕食节肢动物、苍蝇和蜘蛛,并通过跳跃捕捉飞行的昆虫。它们将卵产在浅水区或者小洞中。刚刚孵化出的小雨蛙体长只有1.5厘米。

雨蛙有时会变成棕色或灰色,研究者认为这跟湿度、温度,甚至与它们情绪的变化有关。

学名: *Hyla arborea*
体型: 30~50 mm
寿命: 15年
濒危程度: 无危

赤鹿

赤鹿是草食类动物,以草本植物和嫩芽为食。赤鹿也是反刍动物,它们的胃由4个腔组成。雄性赤鹿有角。鹿角靠吸收骨骼的营养长成。在食物充足的情况下,赤鹿会通过进食补充这些营养。鹿角每年会脱落,长出新的。一头雄鹿往往会和多头雌鹿一起生活。小鹿一般在春天诞生,背部是白色的。鹿妈妈会把它们藏起来,直至它们变得强壮。

雄赤鹿用鹿角来争夺领地。生长中的鹿角一天可以长2.5厘米。

学名: *Cervus elaphus*
体型: 体长160~250 cm
寿命: 16~18年
濒危程度: 无危

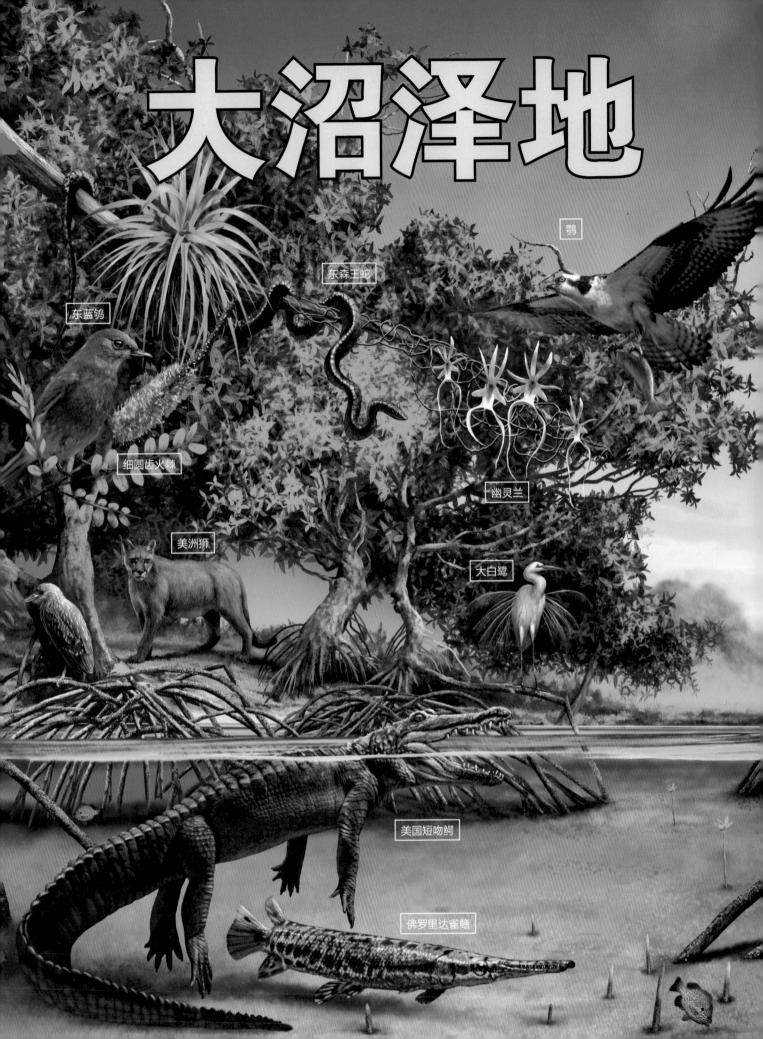

大沼泽地

鹗

东森王蛇

东蓝鸲

细圆齿火棘

幽灵兰

美洲狮

大白鹭

美国短吻鳄

佛罗里达雀鳝

黑头鹳鹳

褐鹈鹕

苍鹭

粉红琵鹭

仳氏尔特蟹

美洲鳄

大鳞鲆

驼背太阳鱼

北美洲

大沼泽地

太平洋

37

大沼泽地

与它们在欧洲的近亲不同, 梭子鱼甚至可以长到3米长。梭子鱼也被称作"海狼", 是比鲨鱼还恐怖的动物, 但很少袭击人类。

美洲鳄的头部比美国短吻鳄更窄, 嘴巴合上时仍然可以看见下颚的牙齿。但是, 美洲鳄的咬肌力量很弱, 如果我们用单手捏住它们闭上的嘴巴, 它们都无法张开。美国鳄体长2~4.5米, 会在自己建造的巢穴中产卵。

大沼泽地位于佛罗里达州南部, 是北美洲最大的亚热带水域生态系统。大沼泽有时被认为是河漫滩, 而实际上它是由一条缓慢流动的河流形成的。奥基乔比湖并不深, 从湖中流出的河水会流过由石灰岩发育而成的土壤。河水在雨季开始渗透进土壤, 形成的涓涓细流慢慢流向海洋。大沼泽地最典型的特征是广袤的锯齿草, 但在这个地区有许多类型的栖息地, 混合生长着温带和热带的植物。红树林、落羽杉和热带树种都有生长。很多特殊的植物只有在这里才能找到, 其中有67种是濒危植物。就像其他湿地一样, 大沼泽地的鸟类资源极其丰富。许多涉禽在这里找寻食物。具有代表性的是黑头鹮鹳。它们会用喙搅动水面, 以便捕捉小鱼。遗憾的是, 人们不断尝试引流沼泽地中的水, 使得一些鸟类的数目大幅下降。

谁吃谁?

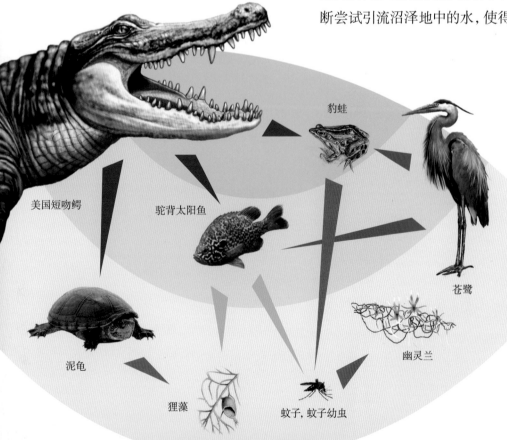

豹蛙

美国短吻鳄

驼背太阳鱼

苍鹭

泥龟

幽灵兰

狸藻

蚊子, 蚊子幼虫

濒危种

美国短吻鳄
黑头鹮鹳
东森王蛇
美洲狮
游隼
粉红燕鸥

因为温暖的浅水含有的氧气较少, 佛罗里达雀鳝需要定期浮出水面呼吸。同梭子鱼一样, 它们的牙齿非常尖锐。

» 美洲鳄和美国短吻鳄有什么区别?

旅行时应当注意什么？

雨季（5~9月）降雨量大，还是台风季节。极端天气会破坏大沼泽地的生态环境。旱季最适宜游览，因为这时大群涉禽来到大沼泽地抚养后代。水鸟在浅水中更容易为食量惊人的雏鸟找到食物。此时的气温也比较宜人。

这是世界上唯一一个美洲鳄和美国短吻鳄共同生活的栖息地。

救救你自己！

美国短吻鳄的巢穴可持续建造数年。它们用嘴和尾巴为小鳄建造"摇篮"。一条美国短吻鳄正在看护它的蛋，孵化的任务由温暖的阳光完成。这个水洼由于水位较低成为许多蛇类、龟类和鱼类的避难所。突然一只大型啮齿类动物——河狸鼠出现了，它想喝水，但是美国短吻鳄并不好客。这只爬行动物并不饿，但是它巨大的下颚可以随时听候主人的调遣。河狸鼠快速喝完水离开，庆幸自己还完好无损。

气 候

气 温
夏季32℃

湿 度
90%

大沼泽地

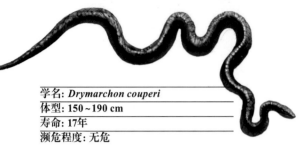

学名: *Drymarchon couperi*
体型: 150~190 cm
寿命: 17年
濒危程度: 无危

东森王蛇并不是迁徙动物,尽管研究者发现,这种蛇在冬天会游向更加干燥的地方并在那里进行长达数周的冬眠。

黑头鹮鹳

黑头鹮鹳会成群结队地在弗罗里达淡水沼泽树木上筑巢。它们总是在四周被水包围的树上搭建鸟巢,因为这样可以保护鸟巢不被入侵者干扰。小黑头鹮鹳在蛋中只生长一个月,孵出的时候只有60克重,非常弱小,因此它们非常需要这样安全的环境。每个巢里只有最强壮的,最会抢夺食物的那只黑头鹮鹳可以长大。小黑头鹮鹳长到四岁时就可以繁育后代。

东森王蛇

东森王蛇是美国体型最长的蛇,擅长游泳,会将猎物生吞。雌蛇在可以交配时会释放荷尔蒙,即一种特殊的气味。感兴趣的雄蛇会进行争斗,直到其中一条的头被另一条逼到地面上为止。雌蛇会将4~12颗卵藏在啮齿类动物留下的洞里。小蛇3个月之后从蛋里孵出,在没有父母照料的情况下自己长大。

和其他鹳类鸟一样,黑头鹮鹳也是迁徙鸟类。它们每年借助标志性景观和对磁场的感知回到原来筑巢的地方。

学名: *Mycteria americana*
体型: 1 m,翼展1.5 m
寿命: 15~20年
濒危程度: 无危

美国短吻鳄

美国短吻鳄又称密河鳄,它的身体由厚厚的鳞组成的盾牌保护着。它们的眼睛和鼻子可以闭合,比头部要高。一次呼吸之后可以在水下停留长达一个小时。它们的牙齿呈锥形,稍向后弯,专门用来捕捉猎物。美国短吻鳄以鱼和小型动物为食。它们会用泥土和腐烂的植物建造巢穴,一次产25~60颗卵。小鳄孵化两到三个月后出壳,并用叫声呼唤母亲帮助它们从巢中爬出。

学名: *Alligator mississippiensis*
体型: 4.5 m,雄性体重为450 kg
寿命: 35~50年
濒危程度: 低危

美国短吻鳄后代的性别是由巢穴的温度决定的。如果温度在33℃以下,那么孵出的就是雌鳄,温度在33℃以上则孵出雄鳄。

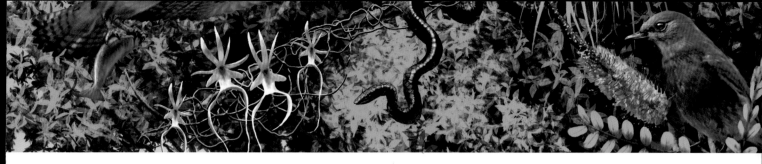

褐鹈鹕

　　褐鹈鹕是体型最小的鹈鹕。它们长而扁平的喙下有一个能容下10升水的喉囊。褐鹈鹕是社会性动物,飞行能力出色。它们的皮肤下和骨头里是空心的,充满了空气。褐鹈鹕在陆地上的行动并不太灵活。它们主要以鱼类为生,也吃甲壳动物和软体动物。求偶时雄性和雌性会一起在离地不远的低矮树上建巢。褐鹈鹕一次产卵3枚,雏鸟一个月后孵化出来。

学名: *Pelecanus occidentalis*
体型: 100~137 cm, 翼展2.2 m
寿命: 15~25年
濒危程度: 无危

褐鹈鹕用特有的急转弯飞行捕食。它们有时会完全藏在水下,突然跃出水面,将猎物兜入喉囊,排出水之后才能将食物吞掉。

伪氏尔特蟹

　　有十只腿的伪氏尔特蟹是佛罗里达淡水沼泽的特有物种之一。涨潮时它们会爬上树冠,退潮时则回到淤泥中。这种蟹什么都吃,是杂食动物。繁殖季节,数千颗受精卵会附着在雌蟹的肚子和后腿上。几个星期之后雌蟹爬到水中,晃动肚子使小蟹掉入水中。小树蟹就在这里开始它们为期一个月的生长。

学名: *Aratus pisonii*
体型: 2.7 cm
寿命: 1~5年(取决于食物)
濒危程度: 未评估

伪氏尔特蟹的大部分时间都是在树上度过的。它们没办法从空气中获得氧气,因此需要时不时地回到水中湿润它们的鳃。

学名: *Lepomis gibbosus*
体型: 15~20 cm
寿命: 5~6年
濒危程度: 无危

驼背太阳鱼

　　驼背太阳鱼的颜色随着年龄、性别、生活环境、季节的不同而变化。它们的背鳍连在一起,腹鳍的一端长有刺。交配时,雄鱼会穿上比平时更加艳丽的"新衣"在淤泥中挖洞,用鹅卵石和水草建造巢穴。雌鱼在巢穴里产卵后,会被雄鱼赶走。雄鱼独自照看、保护鱼卵。雄鱼用鳍不停搅动卵上方的水,使得它们能获得足够的氧气。由于温度的不同,鱼苗孵化需要3~4天的时间,小鱼出生之后会在巢中停留几天。

如果小鱼迷路,雄性驼背太阳鱼会将它们含在嘴中带回巢穴。有时一个雄鱼要同时照看好几个巢,是一项非常辛苦的工作。

红树林沼泽

毛里求斯寿带

印度狐蝠

沼鹿

丛林猫

水椰

黑头白鹮

钳嘴鹳

孟加拉虎

小齿锯鳐

亚洲

红树林沼泽区

印度洋

食蟹猴

褐翅翡翠

泽巨蜥

印度穿山甲

牛粪金龟

白腹海雕

大蜜蜂

杯萼海桑

望远镜海蜷

湾鳄

普通猕猴

弹涂鱼

43

红树林沼泽

想象一个特别的世界。这里的植物长在水中，并将土壤附着在自己周围。种子在树上发芽，植物用根呼吸，螃蟹在树枝上疾走，鱼儿在必要时可以在泥里慢爬。红树林沼泽是地球上独一无二的生物栖息地，在世界上3/4的热带海岸，确切地说是在潮间带都有分布。这里的"住客"要应对咸水、潮汐和气温的变化。因此红树林沼泽的生物都是适应环境的大师！

谁吃谁?

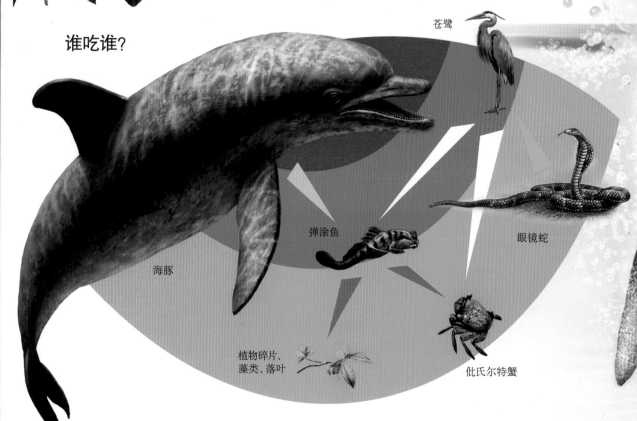

苍鹭

海豚

弹涂鱼

眼镜蛇

植物碎片、藻类、落叶

仳氏尔特蟹

旅行时应当注意什么?

孟加拉孙德尔本斯地区有数百个小岛。在红树林沼泽中行进并不十分容易。红树生长在海岸边，靠近河口的浅水区。发达的"气生根"帮助红树呼吸，垂直的根则助其从淤泥中长出直立在水面上。涨潮时，直立的根发挥着通气管的作用。密集的根系网络使水流放缓，过滤、沉淀泥沙。海岸线也因此逐渐扩大。总之在这里你总能发现新的地方！

» 红树林沼泽动物需要面对什么挑战?

自给自足的小芽

　　对红树林沼泽中的植物来说，最大的挑战是繁殖。红树生有很多种子，种子在树上萌发长成幼苗。幼苗带着叶片和还未长成的根从树上落入水中，之后就要面对自然的挑战。它们可能会在水中漂浮数年，但是只要到达合适的地方，就能立即扎根并用存储的氧气在水下生长，直至露出水面。

气　候

气　温
22℃

水　温
24℃

孙德尔本斯国家公园位于印度半岛。这里最著名的动物是孟加拉虎，目前约有400只。

红树林沼泽

湾鳄

湾鳄是红树林沼泽中令人惧怕的捕食者，它们可以轻易打败水牛。湾鳄一口就能杀死猎物。它们将猎物拖入水底，并在那里进食。在食物并不丰富的季节，湾鳄可以忍受没有食物的生活，并用积累在尾巴中的营养度过这段时间。湾鳄在雨季繁殖。雌鳄用植物建造巢穴，一次产卵80~90枚。小鳄孵化3个月后破壳而出，并用叫声呼唤母亲。

学名: *Crocodylus porosus*	
体型: 6~7 m（雄性），1000~1200 kg	
寿命: 70~100年	
濒危程度: 无危	

湾鳄的大部分时间都花在控制体温上，我们把这种现象称作"体温调节"。如果它们身体变冷，便会去晒太阳，如果身体变热，则会进入水中，只露出鼻子。

弹涂鱼

弹涂鱼是特殊的生物，即使在陆地上它们也生活得恰然自得。弹涂鱼无法忍受完全无水的环境，它们的皮肤、嘴巴、黏膜和鳃必须保持湿润才能活下去。弹涂鱼靠溶解在水中的氧气呼吸。它们的眼睛比较突出，但也可以收回。这两只眼睛有极好的方位判断能力。弹涂鱼以藻类和其他小型水生生物为食。

泽巨蜥

泽巨蜥也叫圆鼻巨蜥，是世界上第二大的巨蜥。它们一般会藏在红树林沼泽的植物中窥视猎物，如鱼、鸟和小型哺乳动物。如果需要逃跑，它们会立即跳入水中。泽巨蜥是出色的泳者，它们会爬过挡在路中的一切东西。如果泽巨蜥从小就生活在人周围就能被驯化。春天，它们将卵产在腐烂的树干、树墩中。体型越大的雌性产卵也越多。当雄性达到1米，雌性达到半米长时可以繁育后代。

学名: *Periophthalmus gracilis*	
体型: 5 cm	
寿命: 5年	
濒危程度: 未评估	

在捕猎时，泽巨蜥甚至可以在水下待上半小时。

学名: *Varanus salvator*	
体型: 2~2.5 m	
寿命: 10年	
濒危程度: 无危	

弹涂鱼的腹鳍进化成了腿，它们的身体是充满力量的圆柱形，甚至可以跳跃60厘米。有了这个本领，在遇到危险的时候，弹涂鱼就可以从陆地快速回到保护它们的水中。

小齿锯鳐

小齿锯鳐生活在红树林沼泽的底部，是软骨鱼类。它们形同鲨鱼的身体上长着一个长长的"喙"，即吻锯。吻锯上长有像牙齿一样的吻齿。小齿锯鳐主要以底栖动物，即生活在沼泽底部和淤泥中的动物为食。它们举着吻锯来回游动寻找食物。除此之外，它们还会在鱼群中捕猎。小齿锯鳐会游到鱼群中间，左右摇动头部和吻锯"刺死"小鱼。小齿锯鳐是卵胎生动物，小锯鳐出生时已有半米长。

学名: *Pristis microdon*
体型: 6 m
寿命: 30年
濒危程度: 极危

很遗憾，小齿锯鳐的"喙"是值钱的"纪念品"，它们也因此濒临灭绝。很多时候它们的吻锯还会缠到渔网上。

学名: *Felis chaus*
体型: 70~120 cm
寿命: 12~14年
濒危程度: 无危

印度人还将丛林猫称为"沼泽山猫"。

丛林猫

丛林猫即使在逃跑时或是看到沼泽中可口的猎物时也不害怕水。如有需要，它们甚至可以在水里游上1.5千米。丛林猫敏锐的视觉、听觉和嗅觉是捕猎利器。它们善于奔跑，速度可达每小时32千米。母猫在树洞或其他动物废弃的洞中产下幼崽。刚生下的丛林猫什么都看不见。小猫6个月大之后就能独立生存。它们会与猫妈妈一起生活两年，以便学会所有捕猎的招数。

孟加拉虎

孟加拉虎是印度红树林中危险的捕食者。它们的身体灵活且充满力量，擅长游泳，会爬树。孟加拉虎总会把剩余的猎物藏起来，用植物遮盖，以后再回来吃掉。它们有广大的领地，并用尿液以及在树干和植物上留下的爪印来标记领地的边界。孟加拉虎过着独居的生活，交配过后，雌虎也会独自抚养后代。幼虎和母亲一起生活直至三岁，这时幼虎已经可以繁育后代。孟加拉虎会主动避开人类，袭击人类的情况非常罕见。

学名: *Panthera tigris tigris*
体型: 2~3.5 m, 100~400 kg
寿命: 8~10年
濒危程度: 濒危

孟加拉虎的犬齿是现存所有大型猫科动物中最长的，长度可达7.5~10厘米。

坦噶尼喀湖

非洲

坦噶尼喀湖

非洲海雕

普通鸬鹚

摩氏刺鳅

非洲狭吻鳄

黄嘴鹳鹳

冠翠鸟

河马

勒氏新亮丽鲷

坦噶尼喀尖吻鲈

希亚索蓝波

小齿湖鲱

颗粒歧须鮠

霍氏川蜷

苦草

斑带尖嘴丽鱼

金色高体鲳鲏

坦噶尼喀蟹

坦噶尼喀湖

河马不论在水面上还是在水下都用次声波交流，它们的"谈话"有80%在水下进行。河马的下颌可以接受次声波讯息。

坦噶尼喀湖是非洲最大的湖之一，坐落在东非大裂谷中，被群山环绕。整个湖面向东南方向延伸700多千米，最深的地方达到1.5千米。热带四季并不分明的气候和极大的深度使得这里的湖水从来无法彻底循环。湖底约1千米深的水层中氧气含量稀少，几乎没有任何生命。这个湖的面积如此巨大，历史悠久，又相对封闭。湖中出现的2000种动植物中有600种为土著种。这些物种只在坦噶尼喀湖附近生活。湖水中丰富的鱼类，350种湖生鱼类中有近250种为土著河鲈。近200种甲壳类动物中也有一半是这里独有的。过度捕鱼、采矿和森林采伐地区的水土流失正威胁着这里的生态系统。气候变暖使湖水不断变暖，威胁到这里生物的继续生存，造成了不小的危害。

谁吃谁？

普通鸬鹚

非洲狭吻鳄

非洲海雕

摩氏刺鳅

坦噶尼喀尖吻鲈

黄嘴鹮鹳

小齿湖鲱

坦噶尼喀蟹

霍氏川蜷

浮游动物

苦草，死去的植物

濒危种

非洲狭吻鳄
勒氏新亮丽鲷
坦噶尼喀尖吻鲈
燕尾鲈

雌性尼罗鳄一次可以在河岸上挖出的坑中产80颗卵。产卵后，它们会用沙子盖住集穴。小鳄的性别由温度确定。32~34℃之间孵出的小鳄都是雄性。

旅行时应当注意什么？

坦噶尼喀湖的四季并不分明。最高气温全年维持在30℃左右。冬天（6~8月）的夜晚气温降至15℃。夏天的夜晚最好是在蚊帐中度过，冬天则需要好几床被子。一年的5个月（11月至次年3月）中最能派上用场的是耐用的雨衣，因为这段时间的降雨量非常大。虽然温度适宜，但是在湖中游泳还是非常危险的，因为这里生活着许多鳄鱼。

太阳落山之后……

热带地区的太阳会非常迅速地消失在地平线下,将坦噶尼喀湖的湖水染成金色。在这个幽静的湖湾,平静的水面被两双眼睛和耳朵打破。巨大的头随后露出水面,原来是头母河马。五分钟过去了,这头母河马看上去无事可做。她偶尔动动耳朵,张开嘴巴。此时,水下正发生着有趣的事。现在正是晚饭时间,一只一周大的小河马正在吮吸母河马乳房中的乳汁。天渐渐黑了,河马妈妈也需要寻找食物了,她打断正在进食的小河马,慢慢地将它带上岸。她站上陆地,慢慢走向她最喜欢的草地,而小河马则被留在较为安全的湖中。

气 候

气 温	湿 度
24℃	大

坦噶尼喀湖中生活着290种特有鱼类。这些鱼的数量占湖中生活的鱼类总数的90%。

坦噶尼喀湖

黄嘴鹮鹳

黄嘴鹮鹳拥有特殊的捕食技能。它们会用一只脚搅动湖水，并抓住游动的生物。黄嘴鹮鹳并不是社会性动物，通常独居。找到伴侣后，雄鹮鹳会选择筑巢地点。为了避开捕食者，通常会选择在湖边高大的树冠顶端。雄鹮鹳和雌鹮鹳在一个星期之内一同建好鸟巢，产下2~3枚蛋，每枚蛋的生出相隔两天。小鹮鹳孵化一个月之后出生。

学名: *Mycteria ibis*
体型: 1 m
寿命: 30~40年
濒危程度: 无危

在一棵金合欢或猴面包树上，能看到20~25个黄嘴鹮鹳的巢，有时甚至多达50个。

金色高体鳃鲅对挖沙有着特殊的热情。如果邻居住得离它太近，它们会挖沙将邻居的贝壳埋起来。逃跑时，它们会挖沙将自己藏在沙里，只露出眼睛。

学名: *Lamprologus ocellatus*
体型: 5.8 cm
寿命: 5年
濒危程度: 无危

金色高体鳃鲅

雄性金色高体鳃鲅鱼非常在意自己的领地，就连进犯的大鱼也会遭到它们的袭击。它们细小尖锐的牙齿可以用来保护领地。金色高体鳃鲅住在贝壳中。交配时，雌鱼会选中一只雄鱼，并在雄鱼的领地中为自己选一只贝壳，在贝壳里产卵。一条雄鱼同时会与多条雌鱼交配。雄鱼有许多贝壳，每只贝壳里都住着一条伴侣。

非洲狭吻鳄

非洲狭吻鳄长而尖的鼻子很容易与其他鳄鱼区分开来。雌鳄会用植物和泥土造巢。孵出的小鳄与成年鳄十分相像，只是体型小一些。从孵出的那一刻开始它们就擅长捕食和游泳。小鳄大概10~15岁，长到2~2.5米时开始繁殖。由于相对于身体来说它们的腿较短，狭吻鳄在陆地上行动笨拙。非洲狭吻鳄如蛇形的、优雅身体使它们擅长游泳，尾巴则用来划动，帮助前行。

非洲狭吻鳄的牙齿在争斗或捕食时可能会掉落，但是总会重新长出！

学名: *Mecistops cataphractus*
寿命: 32~38年
体型: 2.5 m
濒危程度: 濒危

非洲海雕

非洲海雕（又名吼海雕）可以在伸向水面的树枝上站几个小时，目不转睛地注视着水面。捕食时机成熟时，非洲海雕会飞离树枝。它们的爪子可以抓起重达2千克的鱼。有时可以听到它们大声而尖锐的叫声，其别名也因此而来。它们的巢穴建在湖边的树上，宽约1~1.5米，深30~40厘米。雌海雕每次产卵1~3枚，孵卵工作大部分是由雌性承担。卵的孵化期为42~45天，而最大的一只幼鸟会把其他所有幼鸟都给杀掉。幼鸟长羽毛的时间长约70~75天，约8星期之后，幼鸟就能自行觅食。

学名: *Haliaeetus vocifer*
体型: 60~80 cm, 2~4 kg, 翅展: 175~210 cm
寿命: 16~24年
濒危程度: 低危

非洲海雕是高效的捕食者。它们下爪百发百中。因此它们每天只花十分钟用于捕猎。

河马

河马白天会成群结队地在水中睡觉，每隔4~5分钟把鼻子伸出水面呼吸。在水下时，它们的鼻孔紧闭。黄昏时河马从水中爬出，寻找附近长势旺盛的草，并以4~5米为直径吃掉一个圆形区域内的所有的草。一般20~50头河马一起生活。一只雄河马可以有多个伴侣。每年2~8月是交配季节，雌河马孕期将近一年。小河马3岁半之后可以进行繁殖。

学名: *Hippopotamus amphiblus*
体型: 体长2~5 m, 重1~4.5吨
寿命: 40~50年
濒危程度: 无危

河马在水下也能用呼出的空气互相交流，并在危险到来时互相提醒。

学名: *Synodontis granulosa*
体型: 27 cm
寿命: 未知
濒危程度: 未评估

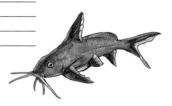

颗粒歧须鮠是流行的观赏鱼，喜欢肚子朝上游泳。

颗粒歧须鮠

原生坦噶尼喀湖的颗粒歧须鮠喜爱岸边有岩石的水域，在20~40米深的水中最为常见。研究者认为它们以无脊椎动物为食。颗粒歧须鮠的自然栖息地光线昏暗，使它们的繁殖习惯不为人知。它们的胸鳍上长有一个硬刺，能轻易逃脱捕食鸟类的利爪。如果它们收紧胸鳍，捕食者就根本无法将它们吞下。

贝加尔湖

鹗

贝加尔海豹

哲罗鲑

胎生贝湖鱼

西伯利亚鲟

西伯利亚落叶松

新疆五针松

西伯利亚云杉

花栗鼠

白尾海雕

西伯利亚狍

水獭

赤麻鸭

斑脸海番鸭

贝加尔湖

亚洲

太平洋

细鳞鲑

花脸鸭

金鱼藻

孤沙锥

宽瓣金莲花

贝加尔茴鱼

篦齿眼子菜

贝加尔湖

贝加尔湖蕴藏了地球全部淡水量的20%。湖周围群山环绕，有些地方的山可达2千米高。湖面上共有27座小岛。

贝加尔湖位于西伯利亚南部，面积超过30000平方千米。贝加尔湖在大陆板块碰撞处形成，最深处位于一个裂谷，可达1642米。贝加尔湖拥有三项世界纪录，即世界上水量最大、最深和最古老的湖。贝加尔湖巨大的水量来源于上游的300条河流，而其下游只有一条河流——安加拉河。贝加尔湖大约形成于2.5亿～3亿年前，如此长的时间为许多物种的形成提供了可能。湖中生活着2500种动物。其中4/5是土著种，只在贝加尔湖中才能找到。贝加尔海豹可以成为这个湖泊的代表，因为它是世界上唯一一种淡水海豹。这种海豹以湖中原生的、生活在最深地方的淡水鱼之一的胎生贝湖鱼为食。贝加尔湖湖水非常清澈，能见度可达40米。工业制造的发展威胁着湖泊的纯净。贝加尔湖附近有两个纸浆厂，除此之外，过度捕鱼和流域内森林的采伐也很普遍。

濒危种

西伯利亚鲟
跳舞草
贝加尔茴鱼
贝加尔镖水蚤

谁吃谁？

白尾海雕

鹗（鱼鹰）

贝加尔海豹

哲罗鲑

花脸鸭

赤麻鸭

胎生贝湖鱼

西伯利亚鲟

贝加尔白鲑

浮游动物

篦齿眼子菜

旅行时应注意什么？

每年11月到来年3月，整个地区都会封冻，月平均气温降至0℃以下。在最冷的1月，整个贝加尔湖会封冻，湖水直到5月都会在冰下"冬眠"。这几个月，当地的人们会把湖面上厚厚的冰层当作道路，在需要的地方还会立起交通指示牌。如果我们这时去贝加尔湖旅行，我们必须全副武装。要带上保暖的内衣、一件羽绒服、手套、围巾和帽子。夏天，贝加尔湖与周围其他地方相比较为凉爽，就像海边一样，这时春装最为适宜，雨衣也很适合。此时的湖水比较清凉，但离湖岸较近的一些地方水温也能达到21℃，因此泳衣也能派上用场。

»哪一种动物能代表贝加尔湖？

第一次湖中探险

贝加尔湖一个僻静的小港湾里天刚刚亮。一只赤麻鸭不久之前刚刚在一个狐狸洞中孵出了小鸭。孵化期间没有任何动物打扰。虽然有过几个不请自来的拜访者从洞口朝里张望，但是他们一看到公鸭或者母鸭类似于狐狸的红羽毛就被吓跑了。小鸭孵出之后，鸭妈妈小心翼翼地将它们带到附近的水域。现在它们已经可以自如地游泳，追赶水面上的昆虫，同时它们还用余光注意着天空。一只毛茸茸的小鸭盯上了一只灵活的水椿，它用小掌不断划水，离它的兄弟姐妹们已经有10多米远了。这时一个巨大的身体出现在它的身旁，掀起的浪将小鸭推开，小鸭惊恐地跟着兄弟姐妹们一起逃向妈妈。它们很幸运，因为出现在水面上，可以长到两米长的哲罗鲑可以把它们大部分都吃掉。这条哲罗鲑现在没有下口，因为它并没有觅食，只是想在清晨的阳光中晒晒太阳。

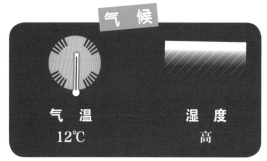

气 候

气 温
12℃

湿 度
高

贝加尔湖是世界上年代最久远的湖泊，生活在这里的物种有80%为特有种。

贝加尔湖

鹗

　　鹗，俗称鱼鹰，它的巢通常位于湖边的大树上，一对鹗会持续数年使用同一个巢。它们的巢用树枝建造，里面用水草和绿草做铺垫，每年都会进行翻修。鹗是单配性鸟类。雄鸟在每年春天的交配季节都会重新追求它的伴侣。鹗一次生2~4颗卵，小鹰在35天内孵化出壳。小鹰住在巢里，由父母照看两个月。如果鹗看到了在水上的猎物，它们会将爪子前伸抓住它们，这时它们整个身子都会进入水中。成功捕捉到猎物后鹗会飞出水面，并在树枝上或巢里享用美餐。

学名: *Pandion haliaetus*
体型: 55~60 cm, 1.2~2 kg, 翅展: 150~170 cm
寿命: 15年
濒危程度: 无危

求偶期的雄鸟会展示有趣的求偶飞行。它们的爪子里抓着鱼和筑巢用的植物展示给雌鸟看，之后会突然收起翅膀急速下降。

学名: *Thymallus arcticus baicalensis*
体型: 60 cm, 1.5 kg
寿命: 18年
濒危程度: 无危

贝加尔茴鱼经常会捕食飞行的昆虫。它们甚至能跳出水面半米高。

贝加尔茴鱼

　　贝加尔茴鱼居住在湖岸浅水有岩石的地带。它们大得出奇，形状像帆一样的背鳍上很容易就能辨认。从侧面看，它们的背鳍比鱼身还要宽。贝加尔茴鱼存在雌雄双态现象，即雄鱼和雌鱼外形上有差别。雄鱼总是比雌鱼颜色更加鲜艳。它们是非常好动的鱼。每年5月底贝加尔茴鱼会游到给养贝加尔湖的支流里产卵。它们将卵产在河岸边，孵出的小鱼总会游回这条支流离贝加尔湖最近的水域。研究者认为，这是因为这种水域更加温暖的水温使小鱼感到舒适。

贝加尔海豹

　　贝加尔海豹生活在贝加尔湖和与其相连的河中。它是世界上唯一的淡水海豹，也是体型最小的海豹之一。每年冬天末它们都会蜕皮。贝加尔海豹一次下一头小海豹，海豹妈妈会哺育它两个半月。在这期间重达4千克的小海报可以长大5倍之多。贝加尔海豹是捕食者，主要以鱼为生，最喜欢吃胎生贝湖鱼。危险的时候它们甚至能在水下待70分钟。

冬天贝加尔湖被80~90厘米厚的冰层覆盖。贝加尔海豹待在冰下。每只海豹都在冰面上有自己的出气孔，可以浮上湖面呼吸。

学名: *Pusa sibirica*
体型: 1.3 m, 50~130 kg
寿命: 50~55年
濒危程度: 无危

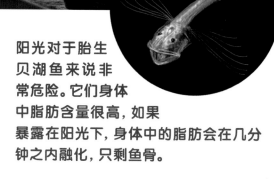

阳光对于胎生贝湖鱼来说非常危险。它们身体中脂肪含量很高，如果暴露在阳光下，身体中的脂肪会在几分钟之内融化，只剩鱼骨。

学名: *Comephorus baikalensis*	
体型: 15~20 cm	
寿命: 5~6年	
濒危程度: 未评估	

胎生贝湖鱼

这种漂亮的、粉红色与蓝色相间的、透明的鱼生活在贝加尔湖200~500米的深处，这里的水温非常低。研究发现，胎生贝湖鱼白天游到湖底，夜晚的时候则会浮到水面附近。胎生贝湖鱼没有鱼鳔，需要借助水流下沉和上浮。胎生贝湖鱼的尾鳍非常强壮，因为在垂直移动的过程中它们需要时不时地停下适应新的水压。它们的骨骼上有许多空小孔，身体有39%都是脂肪。这些身体特点帮助他们适应不同的水压。这种小鱼是卵胎生动物。雌鱼并不产卵，而是一次性产下3000多条能够游动的小鱼，随后死去。

最近，研究者用分子生物学的方法，通过对比鸭属动物的基因进行比较发现，花脸鸭与其他鸭类的亲缘关系较远，因此在分类学中它们有自己独立的属。

花脸鸭

花脸鸭是一种候鸟，夏天喜欢在西伯利亚的淡水湖边过。它们会在贝加尔湖岸边筑巢，并在这里繁衍后代。冬天它们一般会迁徙到南亚。每年3月底，公鸭开始向母鸭求偶，5月公鸭会在水源附近寻找合适的筑巢地点。母鸭一次产4~10颗白里泛黄的蛋。小鸭24天后出生，到8月已经能够独自生存。花脸鸭一般以水生无脊椎动物，例如螺、藻类和水生植物为食。

学名: *Anas formosa*	
体型: 40 cm, 450 g	
寿命: 25年	
濒危程度: 无危	

人们用西伯利亚鲟的鱼卵制成黑色鱼子酱，很多鲟鱼在产卵之前就被猎杀。西伯利亚鲟被收录在国际自然保护联盟濒危物种红色名录中，这个名录专门收集世界上的濒危物种。

学名: *Acipenser baerii*	
体型: 3 m, 100 kg	
寿命: 50年	
濒危程度: 濒危	

西伯利亚鲟

西伯利亚鲟喜欢生活在通向贝加尔湖的色楞格河三角洲附近，它们也会游遍整个贝加尔湖。西伯利亚鲟喜爱湖岸附近的水域和小湖湾。它们没有鱼类典型的鳞片，身体的表面光秃秃的，分散着骨质化硬鳞。西伯利亚鲟又长又窄的鼻子形状特殊。鼻子上长有"胡子"。它们生长缓慢，每年只长5~7厘米。小鲟长到15~20岁才能开始繁殖。每年4月当水温到达15℃时西伯利亚鲟会游到河里产卵。它们将卵产在石头上，孵化出的小鲟鱼长约10~15毫米。小鲟鱼出生后的头几个月留在河中，10月左右游回贝加尔湖。

词 汇 表

超声波定位器

某些动物（如鲸类、蝙蝠等）用来确定方位的器官，可以对反射回来的超声波进行分析，借此感知环境和物体的大小和远近。

潮汐

潮汐是指海水每天重复的上涨（潮）和回落（汐），它是由太阳、月亮对地球的引力引起的。

雌雄双态

雌雄双态是指一个物种的雌性和雄性具有明显不同的性别特征的现象。孔雀是典型的雌雄双态动物。雄孔雀有色彩艳丽的羽毛和可以开屏的巨大尾羽，雌孔雀却只有暗淡的羽毛。

次声波

次声波是振动频率很低，超出人耳听觉范围的声波。次声波能够传播得很远，很多动物（鲸鱼、大象）都可以靠它进行远距离交流。

大陆板块

地球岩石圈的构造单元，每天都在以微小的变化在运动着，地震、火山爆发、海啸、海沟的形成等都是大陆块运动引起的。全世界被划分为六大板块：亚欧板块、平洋板块、美洲板块、非洲板块、印度洋板块和南极洲板块。每一板块均是一种巨大而坚硬的活动的岩块，其厚度50~250千米不等，它包括地壳和与地幔的一部分。

大洋

大洋是覆盖地球表面2/3的水体，该水体中盐分占3.5%。大洋在碳循环和气候形成中起到十分重要的作用，更是很多生物的家园也是生命的摇篮。根据进化理论，最初的生命是在大洋中形成的。

淡水

淡水是指盐分含量很低的水，通常将含盐浓度小于0.5%的水称为淡水。小溪和大部分湖中的水都是淡水，而海水的平均含盐度为3.5%.

底栖生物

底栖生物是生活在水域底上或底内、固着或爬行的生物。

地热异常区

地热异常区简称地热区，这些区域从地球内部散发出来的热量远远大于正常区域，一般集中分布在构造板块边缘带地。冰岛、俄罗斯堪察半岛，以及中国的西藏、腾冲现代火山区和台湾都有面积很大的地热异常区。

地下水

地下水是指储存于地面以下岩石空隙，以及地下饱和含水层中的水。地下水是水资源的重要组成部分，由于水量稳定，水质好，是农业灌溉、工矿和城市的重要水源。

顶级掠食者

指位于食物链顶端的掠食者，它们在自然界中没有天敌。这些动物死后腐烂的尸体进入地球循环系统。狮子和大白鲨都是顶级掠食者。

断裂带

断裂带也叫断层带，是地壳上的岩石或者板块发生断裂后形成的缝隙。断裂带附近会地壳运动活跃，经常伴有地震。

感受器

感受器是指生物体中那些能够接受并传递内部或外部刺激（光、声音、味道、疼痛）的细胞或细胞群。

攻击性

从动物行为学上讲，攻击性指动物由于争夺食物和配偶，抢占领地而驱赶其他同类个体的行为。广义上是指那些造成对方伤害或损失的行为，或是指为抵御猎食者的攻击行为。

骨骼

人或动物体内或体表坚硬的组织称为骨骼。人和高等动物的骨骼在体内，由许多块骨头组成，叫内骨骼；节肢动物、软体动物体外的硬壳以及某些脊椎动物体表的鳞、甲等叫外骨骼。

喙状突起

海豚和鳐鱼头部向前伸出的部分，由包裹着皮的软骨组成。锯鳐的喙状突起上长有锯齿状的牙齿。这是它们感知、寻找猎物和自卫的工具。

火山活动

火山活动是指与火山喷发有关的岩浆活动。它包括岩浆冲出地表、产生爆炸、流出熔岩、喷射气体、散发热量、析离出气体、水分和喷发碎屑物质等活动。火山活动常会伴有地震。

间歇泉

指那些间断性向高处喷发的温泉。常见于地热异常区。

类胡萝卜素

一类重要的天然色素的总称,普遍存在于动物、高等植物、真菌、藻类中的黄色、橙红色或红色的色素之中。它具有醒目的黄色、橙色或红色,对植物的光合作用和人类的视力十分重要。胡萝卜的颜色就是类胡萝卜素形成的。

鳞甲

指皮肤中形成的骨质物,它并不同身体中的骨骼相连接。窄吻鳄、鳄鱼和犰狳都有鳞甲。

黏膜

黏膜是皮肤细胞的分泌物,它可以覆盖皮肤并保持皮肤潮湿。除了有保护的功能外,黏膜会帮助皮肤表皮的毛细血管溶解氧气,辅助呼吸。

气生根

气生根是指由植物茎上发生的,生长在地面以上的、暴露在空气中的不定根,一般无根冠和根毛的结构,如吊兰和龟背竹等,能起到吸收气体或支撑植物体向上生长,有保持水分的作用。

迁徙

动物由于繁殖、觅食、气候变化等原因而进行一定距离的迁移活动称为迁徙。动物的迁徙大都是定期的、定向的、集体进行的。

社会性

社会性是生物作为集体活动中的个体,或作为社会的一员而活动时所表现出的有利于集体和社会发展的特性,是个体不能脱离社会而孤立生存的属性。

水土流失

水土流失是指在自然和人类活动作用下,水土资源和土地生产力的破坏和损失,包括土地表层侵蚀及水的损失。

土著种

指那些在特定区域才会出现的物种。例如坦噶尼喀镊丽鱼只生存在坦噶尼喀湖中,在世界其他地方找不到。

协同进化

指两个物种在进化过程中发展的相互适应的共同进化过程。例如掠食者和被捕食者的进化是典型的协同进化。当被捕食者演化出新的技巧以躲避掠食者时,掠食者也会发展出新的技巧以捕获猎物。

信息素

信息素也称作外激素,是动物分泌到体外,可被同物种的其他个体通过嗅觉器官察觉,使后者表现出某种行为、情绪、心理或生理机制改变的物质。同类动物之间可通过信息素进行交流或寻求帮助。

亚热带

在地理学中,亚热带是指回归线和38°经线之间的部分;在气候学上,亚热带是指热带和温带之间的区域。

藻类

由单细胞或多细胞构成的,可以进行光合作用的生物。它们大部分生长在水中或潮湿的环境里,包括蓝藻、绿藻、红藻和褐藻等。

植物机械组织

植物机械组织是对植物起主要支撑和保护作用的组织。它有很强的抗压、抗张和抗曲挠的能力,植物能有一定的硬度,枝干能挺立,树叶能平展,能经受狂风暴雨及其他外力的侵袭,都与这种组织的存在有关。

索引

原版图书制作

出品人：   Dr. Bera Károly
技术总监：   Kovács Ákos
创意总监：   Molnár Zoltán

编辑、排版© Graph-Art, 2014

编辑：   Dönsz Judit, Simon Melinda,
                     Szabó Réka, Szél László
插图：   Farkas Rudolf, Nagy Attila,
                     Szendrei Tibor, Mart Tamás
图片整理：   Lévainé Bana Ágnes
封面和排版：   Demeter Csilla, Posta János

图书在版编目（CIP）数据

河流与湖泊 / 匈牙利图艺公司编绘；康一人，王聿喆译 . —北京：北京日报出版社，2017.9
（生生不息）
ISBN 978-7-5477-2223-7

Ⅰ . ①河… Ⅱ . ①匈…②康…③王… Ⅲ . ①河流 – 少儿读物②湖泊 – 少儿读物Ⅳ . ① P941.7-49

中国版本图书馆 CIP 数据核字 (2016) 第 255356 号

Copyright©Graph-Art,2014
著作权合同登记号　图字 :01-2015-2462 号

生生不息：河流与湖泊

出版发行：北京日报出版社
地　　址：北京市东城区东单三条 8–16 号　东方广场东配楼四层
邮　　编：100005
电　　话：发行部：（010）65255876
　　　　　总编室：（010）65252135
印　　刷：保定金石印刷有限责任公司
经　　销：各地新华书店
版　　次：2017 年 9 月第 1 版　2017 年 9 月第 1 次印刷
开　　本：889 毫米 ×1194 毫米　1/16
印　　张：4
字　　数：170 千字
定　　价：58.00 元

武警院校统编教材

中队（连）政策法规研究

专题类

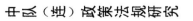